江苏科普创作出版扶持计划项目

【渔美四季丛书】

丛书总主编　殷　悦　丁　玉

张荣平　主编

丁　玉　绘画

河鲀

——亦美亦毒的神奇美味

江苏凤凰科学技术出版社·南京

图书在版编目（CIP）数据

河鲀 : 亦美亦毒的神奇美味 / 张荣平主编 . — 南京 : 江苏凤凰科学技术出版社 , 2023.12
（渔美四季丛书）
ISBN 978-7-5713-3868-8

Ⅰ. ①河… Ⅱ. ①张… Ⅲ. ①河豚 – 鱼类养殖 – 青少年读物 Ⅳ. ① S965.225-49

中国国家版本馆 CIP 数据核字（2023）第 218984 号

渔美四季丛书
河鲀——亦美亦毒的神奇美味

主　　编	张荣平
策划编辑	沈燕燕
责任编辑	王　天
责任校对	仲　敏
责任印制	刘文洋
责任设计	蒋佳佳

出版发行	江苏凤凰科学技术出版社
出版社地址	南京市湖南路 1 号 A 楼，邮编：210009
出版社网址	http://www.pspress.cn
照　　排	江苏凤凰制版有限公司
印　　刷	南京新世纪联盟印务有限公司

开　　本	787 mm × 1 092 mm　1/16
印　　张	3.75
字　　数	70 000
版　　次	2023 年 12 月第 1 版
印　　次	2023 年 12 月第 1 次印刷

标准书号	ISBN 978-7-5713-3868-8
定　　价	28.00 元

图书如有印装质量问题，可随时向我社印务部调换。

"渔美四季丛书"编委会

主　　任　潘建林　马俊斌
副 主 任　殷　悦　丁　玉　张　洁
委　　员　（按姓氏笔画排序）
　　　　　万清宇　王　牧　李大命　李宗芳　李寅秋　张　军　张燕宁
　　　　　陈风蔚　陈甜甜　高钰一　唐晟凯　彭　刚　潘　璐
主创单位　江苏省淡水水产研究所

《河鲀——亦美亦毒的神奇美味》编写人员

主　　编　张荣平
绘　　画　丁　玉
参编人员　（按姓氏笔画排序）
　　　　　马　聘　王　彬　卢万福　包良俊　苏芯瑶　杨振文　何百彩
　　　　　高　峰　高钰一
支持单位　镇江市农村农业局
　　　　　扬中市农村农业局
　　　　　扬中市河豚协会
　　　　　江苏豚岛食品有限公司

序

在宇宙亿万年的演化过程中，地球逐渐形成了海洋湖泊、湿地森林、荒原冰川等丰富多样的生态系统，也孕育了无数美丽而独特的生命。人类一直在不断地探索，并尝试解开这些神秘的生命密码。

"渔美四季丛书"由江苏省淡水水产研究所组织编写，从多角度讲述了丰富而有趣的鱼类生物知识。从胭脂鱼的梦幻色彩到刀鲚的身世之谜，从长吻鮠的美丽家园到河鲀的海底怪圈，从环棱螺的奇闻趣事到克氏原螯虾和罗氏沼虾的迁移历史……在这套丛书里，科学性知识以趣味科普的方式娓娓道来。丛书还特邀多位资深插画师手绘了上百幅精美的插图，既有写实风格，亦有水墨风情，排版别致，令人爱不释手。

此外，丛书的内容以春、夏、秋、冬为线索展开，自然规律与故事性相结合，能激发青少年读者的好奇心、想象力和探索欲，增强他们的科学兴趣。让读者在感叹自然的奇妙之余，还能对海洋湖泊、物种生命多一份敬畏之情和爱护之心。

教育部"双减"政策的出台，给学生接近科学、理解科学、培养科学兴趣腾挪了空间和时间。这套丛书适合青少年阅读学习，既是鱼类知识的科普读物，又能作为相关研学活动的配套资料，方便老师教学使用。

科学的普及与图书出版休戚相关。江苏凤凰科学技术出版社发挥专业优势，致力于科技的普及和推广，是一家有远见、有担当、有使命的大型出版社。江苏省淡水水产研究所发挥省级科研院所渔业力量，将江苏优势渔业科技成果首次以科普的形式展现出来，"渔美四季丛书"的主题内容，与党的二十大报告提出的"加快建设农业强国"指导思想不谋而合。我相信，在以经济建设为中心的党的基本路线指引下，科普类图书出版必将在服务经济建设、服务科技进步、服务全民科学素质提升上发挥更重要的作用。希望这套丛书带给读者美好的阅读体验，以此开启探索自然奥妙的美妙之旅。

毕家珑

原江苏省青少年科技教育协会秘书长
七彩语文杂志社社长

前　言

2021 年 6 月 25 日，国务院印发《全民科学素质行动规划纲要（2021—2035 年）》。习近平总书记指出："科技创新、科学普及是实现创新发展的两翼，要把科学普及放在与科技创新同等重要的位置。没有全民科学素质普遍提高，就难以建立起宏大的高素质创新大军，难以实现科技成果快速转化。"

"渔美四季丛书"精选特色水产品种，其中胭脂鱼摇曳生姿，刀鲚熠熠生辉，长吻鮠古灵精怪，环棱螺腹有乾坤，河鲀生人勿近，克氏原螯虾勇猛好斗，罗氏沼虾广受欢迎。这些水产品种形态各异、各有特色。

丛书揭开了渔业科研工作的神秘面纱，化繁为简，以平实的语言、生动的绘画，展示了这些水生精灵的四季变化，将它们的过去、现在与未来，繁殖、培育与养成，向读者娓娓道来。最终拉近读者与它们之间的距离，让科普更亲近大众，让创新更集思广益、有的放矢。

中华文明，浩浩荡荡，科学普及，任重道远。愿"渔美四季丛书"在渔业发展的道路上，点一盏心灯，筑一块基石！

编者

目 录

有毒的"气球"

安安的难题

安安作为江小渔的表弟，跟小渔多少还是有些共同之处的，再加上安安生活在水产资源丰富的扬中市，想不爱吃鱼都难。

现在正式介绍一下安安，大名叫于扬，扬就是扬中的扬，安安的爸爸叫于晨，和小渔的妈妈于晓是亲兄妹，安安的妈妈叫何玲。安安今年8岁，读小学三年级，学习成绩在班里处于中游，属于调皮的学生，聪明是很聪明，可惜学习不太用功，从小就被爸爸妈妈念叨："多学学你小渔表姐，人家又乖学习成绩又好，都不用你姑姑姑父怎么操心就能回回考第一。"

所以，安安可以算是从小就生活在小渔表姐的阴影下，和小渔一见面就总会想到爸爸妈妈念叨的这些话，难免有些不服气，说不到几句就能吵起来。

不过，安安心底里还是很佩服小渔的，即使嘴上不说出来，遇到学习上和课外知识上的难题，还是会第一时间想到向小渔请教。

河鲀是扬中的代表性特产，这次学校老师布置了一篇科学小论文，写河鲀的一些知识和观察记录等，这可难倒了安安。

"小渔表姐写过这种论文啊，问问她不就好了。"安安心里想着，用电话手表拨通了小渔表姐的号码。

"喂，小渔表姐，我记得……你写过小龙虾的科学小论文吧。"安安吞吞吐吐地说。

"对啊，怎么了？"小渔不知道安安问这个做什么。

"那个，我们学校老师让我们写河鲀的小论文，但是……"安安停了下，实在说不出口。

"哈哈，但是你不会写，对不对？"这下小渔猜到安安打电话的目的了。

"嗯，我不知道怎么写，你能不能……教教我……"安安越说声音越小。

"这个好说，那你怎么报答我呢？"小渔心里偷着乐。

"我请你吃冰淇淋！"

"好！一言为定！"

"那你现在能告诉我了吧。"

"你先说说你对河鲀有什么了解。"

"我就知道河鲀好吃，河鲀生气会鼓成一个球，还有河鲀有毒！"

"没了？那你给我描述一下河鲀长什么样。"小渔一步步引导安安。

"呃……它有一张嘴，一对眼睛，有翅膀，有尾巴，对了，它还有牙齿！"安安边想边说。

"就这？按你这描述，可以是很多种动物啊，还有，那不叫翅膀，

● 打电话

那叫鱼鳍。看来，你对河鲀的了解很有限啊。"
小渔有点惊讶，安安的动物知识竟然如此匮乏。

"所以我才请教你嘛。"安安很不好意思地
说道。

小渔在电话里大致跟安安说了一下科学小论文
的写作思路和注意事项。

打完电话，安安闭上眼睛回想了一下河鲀的
样子，可是除了一个"球"，再也想不起来它正常的模样了。

"看来我确实需要好好观察一下河鲀了。那不如让爸爸问问小渔表姐这周末能不能过来玩，然后请她吃河鲀，还可以让小渔表姐再给我指导指导。"安安心里这样想着，跑去找爸爸商量。没想到这么一说，爸爸不仅同意了，还直夸安安有进步，终于肯好好向小渔表姐学习了。

于晨和妹妹于晓联系，邀请他们一家周末过来玩。顺利的是，小渔一家周末正好没什么安排，扬中之行就这么敲定了。

饭店里的相遇

很快来到周末，小渔也很期待去扬中找表弟玩，不仅能吃河鲀，还能吃上表弟请的冰淇淋，更重要的是能给表弟当一回老师，光是想想就很开心。

安安的姑父江茂开车带着老婆和女儿驶向扬中，一路上有说有笑，再加上车外春光明媚，真是个外出郊游的好日子。

时间将近中午，江茂一家来到了目的地，由于饭店离安安家有点距离，于晨和于晓约好直接在饭店见面。

走进预定好的包厢，安安一家已经在里面等

着了，两家人半年多没见，一见面就聊起家常。

"安安，你长高了不少嘛，是个大小伙了。"江茂夸道。

"听说小渔上学期期末考试又是第一名呀。"于晨也夸道。

"咱们去看河鲀吧，楼下就有好多河鲀的照片，还有模型呢。"安安知道爸爸又要拿小渔表姐的好成绩说事了，所以赶紧拉着小渔表姐离开这个"是非之地"。

小渔也不想被舅舅舅妈问学习上的事，开心地随安安来到饭店一楼。

只见在饭店大厅的左侧，墙上几乎挂满了河鲀的照片，下面的桌子上还摆着几个河鲀的模型，甚至还有一个标本。

"咦？这几只怎么好像和我平时见到的不一样啊？"安安疑惑。

"你平时见到的啥样？"

"我平时……啊，我知道了，我印象中的河鲀都是气鼓鼓的样子，都不知道它平时是啥样了。"

"所以，你趁这个机会好好观察一下它不生气的样子。"小渔用老师的语气说道。

安安点点头，开始对着仿真模型认真观察。

不生气的河鲀身体还是比较修长的，身体是圆筒形的，越靠近尾巴越细，尾巴比较大，像一把扇子。它的嘴巴在身体最前端，乍一看跟人的嘴巴有点像，里面还有上下各2颗大板牙。嘴巴上方还有两个小圆孔，应该是鼻孔吧。眼睛看起来和鼻孔差不多大，圆圆的，中间是黑色的，周围是黄色的。

小渔见安安看得差不多了，开口说道："上次你跟我打电话之后，我就查了一些资料。这大模型和标本是暗纹东方鲀。你看它身体上方靠近尾巴的鱼鳍叫背鳍，背鳍的基部有一大块黑色斑块，斑块周围还有白色的边儿。"

鼻孔　眼睛　　　　　　　　　　　　　　　　背鳍

嘴　　　　　　　　　　　　　　　　　　　　　　　尾鳍

胸鳍

臀鳍

● 暗纹东方鲀侧面观

尾鳍

背鳍

胸鳍

鼻孔

嘴

眼睛

● 暗纹东方鲀的身体特征

● 河鲀的牙齿

"哦，我看到了。"安安第一次这么仔细地看一条鱼。

"它身体两侧的两个鱼鳍叫胸鳍，河鲀比较特殊，它没有腹鳍，就是长在腹部的鱼鳍。它的胸鳍后上方还有一个圆形黑色大斑，身体的背面和侧面有5~6条暗褐色的宽横纹，宽横纹之间还有黄褐色的窄纹。这些就是暗纹东方鲀的特征。看清楚了吗？"小渔耐心地一一指给安安看。

"这次我记住了，以后看到肯定能认识了。"安安这回是真真正正地认清了暗纹东方鲀。

"还有，在它的身体下方的鱼鳍叫臀鳍，就是在背鳍正下方的位置，形状也和背鳍几乎一样。它的尾巴你认识吧，科学的叫法是尾鳍。你知道的，河鲀有牙齿，而且它的牙齿和上下颌骨愈合在一起，中间还有牙缝，特别像人的门牙，是不是？"小渔模仿老师向安安提问。

"对，我一直觉得很像人的牙齿，嘴巴也像，我爸爸还说河鲀的牙齿特别厉害，能咬断人的手指，所以千万别把手放到它的嘴边。"安安一脸认真地说。

"生气"的河鲀

　　这时，饭店的老板走了过来，看到两个小朋友对河鲀如此感兴趣，就问道："你们想不想看河鲀生气的样子呀？"

　　安安和小渔拼命点头。

　　老板打开电视，放起了河鲀的纪录片，电视中的河鲀被人抓起来后就开始嘴巴不停地一张一

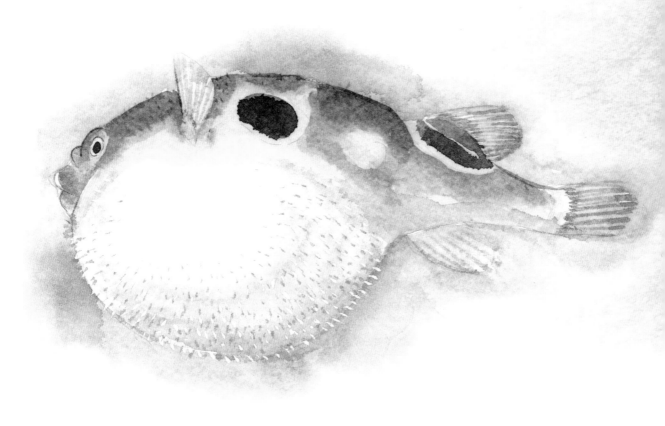

● 鼓起来的暗纹东方鲀

合，身体随之像吹气球一样鼓了起来，肚子上还出现了很多小刺儿。

"好神奇！"安安兴奋地叫了起来。

接着，电视中的人把河鲀放回水里，只见河鲀刚开始还肚子朝上漂在水面上一动不动，不一会儿工夫就撒完气，成功瘦身，摇摇尾巴，游入水底。

看完纪录片，安安和小渔回到包厢，大人们仍在聊天，菜还没上来，他俩坐到一旁开始"上课"。

"河鲀为什么能变成球呢？"安安先开口问道。

"暗纹东方鲀的身体里有一种特殊的结构叫气囊，气囊的弹性很大，平时很小，在遇到危险的时候就可以通过吞入空气或水而膨胀。而且它没有肋骨，腹部皮肤弹性也很大，这样就可以保证它的肚子能涨得很大。"小渔早有准备，在这趟行程之前就查了很多关于河鲀的资料。

"真有意思，河鲀还真的和气球一样可以靠充气和充水而鼓起来。"安安感受到了学习新知识的快乐。

"河鲀这种身体膨胀成球状的行为叫胀气行为，其实这并不是河鲀生气了，而是因为遇到了天敌或者其他危险。河鲀游泳的速度很慢，很容易被天敌追到，所以它就通过胀气行为让身体变大，身体上的小刺直立，就像一个'刺儿球'，让天敌无法下口，甚至还会肚子朝上漂在水面上装死，以逃离危险。"

"原来是这样，我一直以为河鲀变成球是生气了。"安安恍然大悟。

小渔和安安"上课"上得十分投入，都没有注意到大人们早已停止聊天，专注地看着姐弟俩，露出欣慰的笑容。尤其是安安的爸爸妈妈，他们都惊讶于安安的表现：原来自己的儿子也可以学得这么认真。

还是江茂率先打破了这浓浓的学习氛围："开饭啦开饭啦，你们俩赶紧洗手吃饭，讲了这么半天一定饿了吧。"

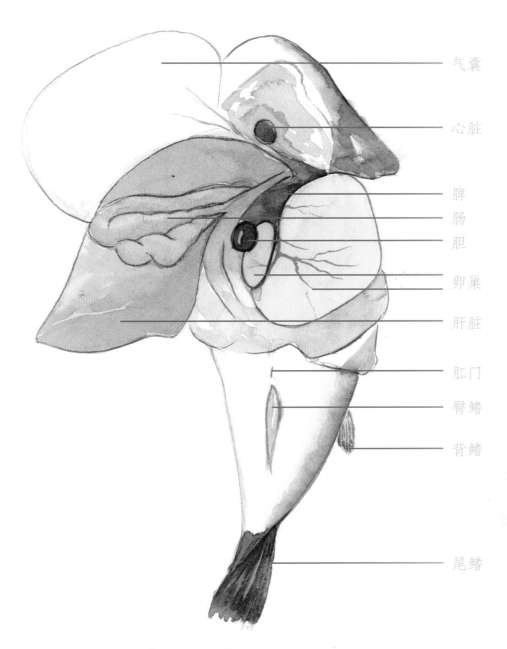

气囊

心脏

脾

肠

胆

卵巢

肝脏

肛门

臀鳍

背鳍

尾鳍

● 暗纹东方鲀的身体内部结构

春——正是河豚欲上时

河鲀的皮刺

安安发现大人们都在注视着自己，突然有点不好意思，马上又仿佛若无其事地走向洗手间去洗手。

小渔则是看到桌子上摆满了美味佳肴，跑到桌子前仔细端详：只见每个人面前都摆了一个小火锅，一盘切成薄片的河鲀肉，一大碗金针菇、白菜等配菜，还有一盘盛着几个圆滚滚像小皮球的东西。

"这是什么？"小渔问道。

"这是河鲀剥下来的皮。"江茂就知道自己女儿会问这个问题。

小渔用不可置信的眼光盯着河鲀皮，左看看右看看，然后拿起一个河鲀皮，摸了摸："不对呀，这个很光滑，没有小刺。"

"这个是翻过来的皮，刺在里面，你再翻过来看看。"

● 不胀气时，河鲀的皮
刺贴着身体

● 胀气时，河鲀的皮
刺立起来

● 染色后的皮刺

安安说。

小渔从头部把鱼皮翻了过来，摸了摸，果然有点扎手，再仔细一看，皮上有很多密密麻麻的小刺。

"别的鱼都是长鳞片，河鲀长刺，真有意思。"安安感叹道。

"河鲀的刺平时都是躺着的，贴在身体上，一旦肚子鼓起来之后，小刺也就立了起来。你想啊，这个时候如果受到天敌的攻击，突起的小刺就能保护它的肚子。"小渔又开始讲课。

"先吃吧，吃完再讨论。"江茂提醒小渔。

河鲀的毒

小渔把鱼肉、鱼皮还有菜都放到面前的小火锅里，煮熟后，小渔夹起一块鱼肉放到嘴边刚准备吃，却好像想起来什么似的，又夹回碗里。

"这个确定没有毒吧，河鲀的毒素可厉害了，是大自然最厉害的毒素之一，一只河鲀的毒能毒死30个人！"小渔一脸严肃地说。

"这个你放心，要说安全地吃河鲀啊，还就得来扬中，我们扬中有专门的'烹饪餐饮行业协会'和'河豚文化研究会'，还出台了《河豚安全食用操作行业规范》。这家店是扬中做河鲀最有名的饭店之一，他家的厨师不仅师从大家、经验丰富，而且是经过专业考核的，持有专门烹饪河鲀的证书。另一方面，现在国家不允许吃野生河鲀，饭店里的河鲀是养殖的暗纹东方鲀，而且采购自经农业部备案的河鲀鱼源基地，毒性比野生的降低了很多，甚至可以达到无毒。只要专业人员用规范的操作来处理正经的养殖河鲀，就不会中毒了。"于晨解释道。

"为什么养殖的河鲀毒性比野生的小？"这回是安安发问了，虽然以前也跟着爸爸来过几次这家饭店，但他还是第一次对这些问题这么感兴趣。

这个问题难倒了于晨，他向江茂投去求助的眼神，江茂心领神会："因为河鲀的毒素主要来源于它们在野外吃的食物。而人工养殖的河鲀，人为控制它的饲料和生存环境，就能大大降低河鲀体内的毒素。"

"原来是这样。"安安和小渔异口同声地说。

这下小渔安心地吃起了河鲀肉："哇，真好吃，鲜嫩爽滑。"

"对了，河鲀的鲀到底是哪个字？我看有的写海豚的'豚'，有的写鱼字旁的'鲀'。"小渔边吃边问。

"按生物分类学来说，鱼字旁的'鲀'字更准确。月字旁的'豚'意思是小猪，生物学上的'河豚'指的是生活在淡水里的鲸类动物。考一下你，关于河鲀最有名的诗是哪首？"江茂反问道。

"我知道，'竹外桃花三两枝，春江水暖鸭先知。蒌蒿满地芦芽短，正是河豚欲上时。'是苏轼写的，我一年级时就会背了。"这回是安安抢答。

"这首诗里的'豚'是哪个字？"江茂继续问。

"是月字旁的'豚'哎！"安安不仅会背，连字也记得清清楚楚。

"对！那是大诗人写错了吗？"见小渔和安安一会儿点头一会儿摇头的，江茂解释道："其实没有错，古时候人们并不具备专业的生物分类学知识，两个字都用。月字旁的'豚'出现得更早，《说文解字》里就有，说'豚，小豕也。'也就是小猪的意思。鱼字旁的'鲀'没有出现在《说文解字》中，而是最早出现在南朝梁顾野王编写的《玉篇》中，在《玉篇·鱼部》有这样一个词条：'鲀，鱼名。'而且明崇祯年间编写的《正字通·鱼部》中写道：'鲀，河豚。本作豚，鲀为俗增也。'意思就是月字旁的豚是正字，鱼字旁的鲀是后来增加的俗名。当然啦，现在为了生物学上好区分，把鱼字旁的'鲀'当作正字，月字旁的'豚'当作俗名，我们平时用的话，两个字都是对的。"

"可是古人就算没有专业的分类学知识，也应该知道河鲀是一种鱼吧，为什么会给它取名为月字旁的豚呢？"小渔打破砂锅问到底。

"这个呀，有的说法是河鲀会把肚子鼓起来漂在水面上，圆滚滚的就像一只小猪，也有的说法是河鲀捕捞上来的时候会发出猪一样的叫声。"

"哦？河鲀会发出声音吗？"安安好奇地问道，他还从来没听过鱼的叫声。

"对呀，就是类似小猪叫的'唧唧'或'咕咕'声，是河鲀用牙齿摩擦碰撞发出来的声音。"江茂边往嘴里塞河鲀肉边说。

拼死吃河鲀

"爸爸，古人也会养河鲀吗？也知道怎么降低养殖河鲀的毒素吗？"小渔问道。

"不会啊。"

"那古人吃河鲀不怕中毒吗？"

"其实古人早就知道河鲀有毒，有位宋代的大诗人、大美食家写过关于河鲀的诗……"

"我知道！你是想说梅尧臣的《范饶州坐中客语食河豚鱼》吧。"小渔打断爸爸的长篇大论。

"春洲生荻芽，春岸飞杨花。河豚当是时，贵不数鱼虾。其状已可怪，其毒亦莫加。忿腹若封豕，怒目犹吴蛙。庖煎苟失所，入喉为镆锣。若此丧躯体，何须资齿牙？持问南方人，党护复矜夸。皆言美无度，谁谓死如麻！我语不能屈，自思空咄嗟。退之来潮阳，始惮飧笼蛇。子厚居柳州，而甘食虾蟆。二物虽可憎，性命无舛差。斯味曾不比，中藏祸无涯。甚美恶亦称，此言诚可嘉。"小渔说完，用自豪的表情看着江茂。

江茂和其他几个大人都由衷地鼓起了掌，只有安安有点不高兴，明明自己刚才也背了一首诗，为什么大人们就不鼓掌呢，太不公平了。

江茂接着小渔背的诗继续说道："这首诗里说到南方人对河鲀的美味赞不绝口，都说鲜美无比，却不提被毒死的人多如麻。说明古人知道河鲀有毒，但是对其美味的追捧已经盖过了对毒性的害怕。至于古人的解毒大法，我们吃完饭再说。"江茂狡黠地笑了笑。

"借着这么美味的河鲀，我们再来说一说古人对河鲀美味的赞美之词。"江茂不等众人反应又开启了另一个话题。

"孙奕写的《履斋示儿编》中记载了一个关于苏东坡拼死吃河鲀的故事。话说苏东坡那时候常居常州，非常喜欢吃河鲀，那里的一个士大夫家里有个很会做河鲀的厨师，所以就请苏东坡到家里来品尝河鲀，希望他最好再题个词作个诗啥的。苏东坡如约而至，家里的妇人小孩都躲到屏风后面期盼着，但是苏东坡只顾

苏东坡拼死吃河鲀

　　着大吃特吃，一个字都没说，更别提作诗了，
屏风后面的人都大失所望、面面相觑。忽然，
苏东坡放下筷子，说了一句'也直一死！'意
思是吃了这顿河鲀，就是死了也值得。听到这
句评价，大家都特别高兴。"

　　"好啦好啦，好好吃鱼吧，这么好的美食，
可不能辜负了。"于晓知道江茂一说起这个就没
完没了，还是决定打断他，让大家好好吃饭。

● 品尝河鲀

解毒"神器"

吃完午饭，江茂一家又在于晨的带领下来到一处风景优美的河边，于晨早有准备，从车后备箱拿出一个帐篷，众人合力把帐篷支了起来。

大人们开始在帐篷里打起扑克牌，安安像想起什么似的，突然说："姑父，我们已经吃完饭了，你可以说古人的解毒方法了吧。"

"吃饭时不说，主要是怕影响大家的胃口。"

说到这里，江茂停顿了一下，这下更加引起了安安的好奇心。

"嗯？到底是什么还会影响胃口？"小渔也好奇。

"古人的解毒方法主要是喝黄汤。"

"黄汤是什么？"安安问。

"黄汤就是粪汁！"

江茂的话音刚落，安安就作呕吐状，一脸嫌弃的表情。

"还好爸爸你吃饭时没说，不然我肯定吃不下去了。"小渔也是一脸的嫌弃。

"其实古书上有不少关于解河鲀毒的方法，汉代著名医学家张仲景写的《伤寒杂病论》中的杂病部分《金匮要略》写'芦根煮汁，服之即解'。药王孙思邈则给出了一个偏方：'凡中其毒，以芦根汁和蓝靛饮之，陈粪清亦可。'这个陈粪清就是陈年的兑了清水的粪汁。李时珍在《本草纲目》里也写道：'宜荻笋、蒌蒿、秃菜。畏橄榄、甘蔗、芦根、粪汁。'甘蔗、芦根之类的不敢说有用，但是粪汁是有用的，它的作用其实也不是解毒，而是催吐，那么恶心的东西喝下去，谁都会吐，其实也就相当于现代医学中的洗胃。"

"原来是这样，虽然恶心，但是能救命。"安安感叹道。

● 黄汤的故事

　　"明代的谢肇制写的《五杂俎》记载了一个
有趣的故事：有个人到吴地做客，吴地不是盛产
河鲀嘛，当地人也爱吃，主人请他吃河鲀，他准
备赴约，但是他的老婆和女儿很担心，问：'万一
中毒了怎么办？'他说：'主人盛情邀请，不好
拒绝，就算我不幸中毒了，也可以给我灌粪汁把
它吐出来啊，怎么会中毒呢？'然后这个人就到
了主人家，好巧不巧，去市场上买河鲀的人因为
晚上刮大风没有买到河鲀，这个人只能喝酒喝到
酩酊大醉。回到家里，他连人都不认识了，家里
人问他，他只是瞪着眼睛不说话。他老婆和女儿
开始害怕，说这是中毒了，赶紧弄来粪汁给他灌

下去。过了好久，这个人酒醒了，见家里人都惶惶不安，一问才知道弄错了。"江茂讲得眉飞色舞，导致牌都打错了。

"哈哈哈，这个人不仅没吃到河鲀，还白喝了一顿粪汁，太惨了。"安安笑得前仰后合，大家也跟着笑了起来。

逆流而上

大人们继续打牌，而安安拽着小渔到河边玩。

"我看网上说河鲀会从海里游到江里，是真的吗？"安安问道。

"是真的，河鲀是一种会洄游的鱼。就拿我们今天吃的暗纹东方鲀来说，它生活在海洋里，每年3月份开始成群从海里沿着长江往上游，然后产卵繁殖。产完卵后，河鲀爸爸妈妈就游回海里，留下卵独自孵化，孵出来的小鱼在长江里或者和长江连通的江河湖泊里长大，直到第二年春季再返回大海。"小渔回答。

"原来是这样，河鲀的生活也是很不容易呀。"安安感叹。

"古人很早就观察到这一点，苏东坡的'蒌蒿满地芦芽短，正是河豚欲上时。'说的就是春天蒌蒿长满地，芦苇刚抽芽的时候，也正是河鲀洄游到江里的时候。"小渔边说边看着河边的芦苇，也正如诗中所说的刚刚抽芽。

"对了，你说好要请我吃冰淇淋的，可别忘记了。"小渔突然想起来。

"没忘，压岁钱我都取出来了，一会儿回到市区我就请你吃！"安安拍拍裤子口袋，暗示钱就放在口袋里。

小渔和安安相视一笑，然后又愉快地在河边玩了起来。

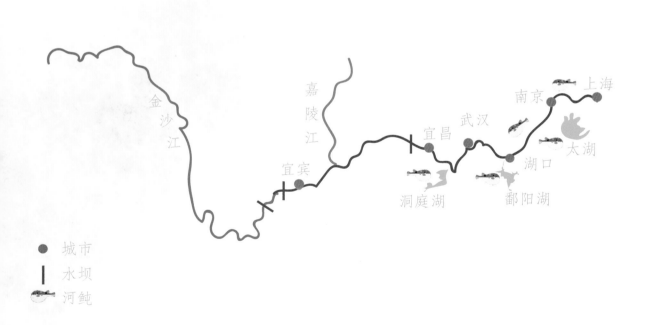

城市

水坝

河鲀

● 暗纹东方鲀的洄游路线

夏——新生命的诞生

鲀鲀大家族

自上次小渔表姐来到扬中做客之后，安安对河鲀产生了极大的兴趣，也学会了如何查资料。安安对这篇河鲀科学小论文充满了信心。

虽然小渔表姐和姑父都讲了不少关于河鲀的知识，但都是碎片化的信息，安安还是决定去图书馆好好找下资料看看，系统学习学习。

这个周六，安安早早起床，吃完早饭就直奔市图书馆。

于晨把安安送到图书馆，他一方面想看看儿子是怎么找资料的，认不认真，一方面自己也想找点书看。于是，父子俩一起进入阅览室，按照分类去寻找自己想要的书。

安安走到生物类的书架，找到几本鱼类相关的科普书，还有不少专写河鲀的书。安安拿了几本，找了一个桌子坐下来，慢慢翻看。

先翻开一本看起来很专业的鱼类书，上面
写着：

> 河鲀是鲀形目鲀科一些鱼类的统称，鲀形
> 目分为拟三刺鲀亚目、鳞鲀亚目和鲀亚目，鲀
> 亚目又分为三齿鲀科、刺鲀科、鲀科和翻车鲀
> 科，其中刺鲀科又叫二齿鲀科，鲀科又叫四齿
> 鲀科。

"二齿、三齿和四齿？分别是两颗牙齿、
三颗牙齿和四颗牙齿吗？"安安边看边想着。
为了验证自己的猜想，继续向下看。

> 二齿鲀科：上下颌齿愈合成一大板状齿，
> 无中央缝。
> 三齿鲀科：上下颌齿大，上颌齿板具中央
> 缝，下颌齿板无中央缝。
> 四齿鲀科：上下颌骨与齿愈合成4个齿
> 板，具中央缝。

"还真是这样！我们吃的暗纹东方鲀应该
是四齿鲀科的吧，我看见它有4颗牙。三齿
鲀科的鱼肚子下面的是什么呀？哦，叫'腹
褶'，好像船帆哦。刺鲀的刺比暗纹东方鲀的
长多了，看着就很扎。还有翻车鲀，不是世界

● 刺鲀

● 三齿鲀

● 翻车鲀

上最大的硬骨鱼吗？它竟然与河鲀是亲戚，太有意思了。"安安突然就找到了看书学习的乐趣，越看越觉得有意思。

"河鲀的种类这么多，我还是找找我们常吃的几种吧。"安安找准目标，思路更清晰了。

安安没注意到的是，于晨虽然不和他坐在一张桌子上，但时不时就抬头看看儿子到底在看什么，有没有开小差。看到儿子学得这么认真，脸上还不时露出笑容，看起来很享受的样子，于晨感到很欣慰。

鱼有鼻子吗？

有一本书上列出了20多种常见的河鲀，而且大部分名字里都有"东方鲀"三个字，例如红鳍东方鲀、黄鳍东方鲀、星点东方鲀、豹纹东方鲀。"东方鲀，看来是属于我们东方的河鲀啦。"

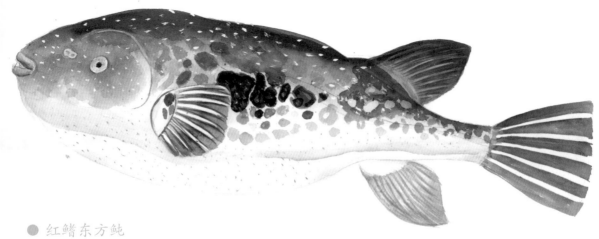

● 红鳍东方鲀

● 黄鳍东方鲀

东方鲀属是鲀形目鲀科的 1 属。约有 25 种。通
称河豚，又名吹吐鱼、艇鲅鱼、气泡鱼。主要分布
于中国、日本、朝鲜、菲律宾及印度尼西亚等。

安安看着图片一眼认出了暗纹东方鲀，看来
上次在饭店，小渔表姐给安安的讲解真的让安安
牢牢记住了它的模样。除了上次表姐的讲解和在
饭店里看的图片视频之外，安安又找到一些新的
信息。

虽然书上文字读起来有些费劲，但是结合上次
看到的暗纹东方鲀的图片和模型，安安明白了这
些文字的意思："眼睛不大不小，属于中等，位
于身体两侧靠上的位置。两眼之间的间隔较宽，
近圆形，微微凸起。鼻瓣是什么？鼻孔每侧 2 个？
那不是 4 个了嘛。对了，鱼不是用鳃呼吸吗？怎

● 星点东方鲀

● 豹纹东方鲀

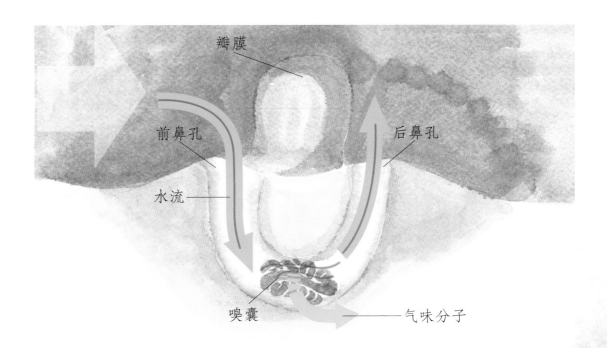

瓣膜

前鼻孔

水流

后鼻孔

嗅囊 ——————— 气味分子

● 鱼鼻孔的工作原理

么还有鼻子？"带着疑问，安安又翻了翻鱼类学的书。

鱼类的鼻孔一般在眼的上方，左右各1个，每侧有瓣膜隔开的前鼻孔和后鼻孔两部分，水流从前鼻孔进入，经过嗅觉感受器，水流中的气味分子被捕捉到，水再从后鼻孔流出，这样鱼就闻到了味道。鱼的鼻孔不与口腔连通，不能呼吸，仅有嗅觉作用。

"原来是这样！"学到新知识，安安很是高兴。了解了鱼类的鼻孔，安安接着看暗纹东方鲀的介绍。

　　暗纹东方鲀仅分布于中国、朝鲜。在我国产于东海、黄海和渤海，还分布于大清河，长江中下游流域，洞庭湖、鄱阳湖和太湖等淡水湖泊以及闽江口。

　　为暖温性底层中大型鱼类。杂食性，喜食贝类、虾类和鱼类，亦食水生昆虫等。体长一般 180~280 毫米，大的达 300 毫米。具溯河产卵的习性，每年春末至夏初性成熟的亲鱼成群溯江产卵受精，产完卵的亲鱼返回海里。幼鱼在江河或湖泊中生长，当年直接入海或翌年春季返回海里，在海里索饵育肥成熟。在长江，每年 2 月下旬至 3 月上旬起，成熟亲鱼开始成群由东海入江，溯河至长江中游河段，或进入洞庭湖、鄱阳湖产卵。产卵期为 4 月中下旬至 6 月下旬，5 月为盛产期，卵具黏着性，附着于水草或其他物体上。

　　"看来表姐说的都没错，河鲀真的是从海里来的。暗纹东方鲀牙齿这么厉害，难怪喜欢吃贝类和虾类，是不是能直接咬破坚硬的贝壳和虾壳呐。"

　　安安翻开《中国动物志》，接着往下看。

　　暗纹东方鲀的受精卵呈圆球形，为淡柠檬黄色，卵径约为 1 毫米。

　　"1 毫米？这也太小了吧。"安安边看边从文具袋里拿出一把尺子比画着。

受精卵内有油球，为 280 ~ 390 个。未受精的卵和受精卵遇水后均能产生黏性，卵受精后弹性增强，黏度增大，在静水中能粘连成团，易粘在水草及石块等物体上。孵化受多种环境因素的影响，主要包括水温、溶氧、水质、光照、敌害生物等。大约一周时间后，卵孵化出仔鱼，全长约 2 毫米。仔鱼出膜后，外部形态和消化器官不断发育变化，至 30 日龄已具成鱼的特征。

虽然有些词看不懂，但是安安大致明白了暗纹东方鲀鱼宝宝孵化和成长的过程，安安因而感到十分满足，这次图书馆没有白来。

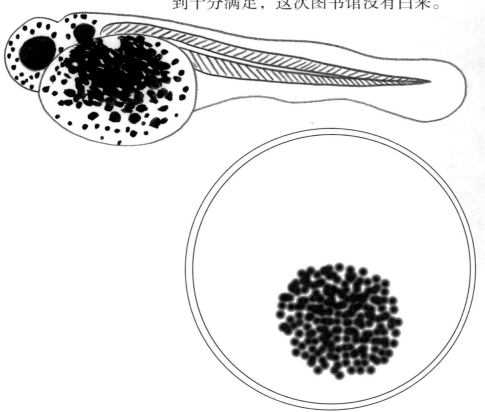

● 暗纹东方鲀卵和仔鱼

秋——危险而神秘的 TTX

可怕的 TTX

　　掌握了看书找资料的窍门和乐趣之后，安安仿佛打开了新世界的大门。上次在图书馆，时间不够，很多书都没来得及看，安安干脆借回家慢慢看。

　　关于河鲀的毒性，安安还是有很多疑惑：河鲀的毒素是从食物中获得的吗？具体有哪些？人吃了这些东西会不会也中毒？

　　安安还是从书上寻找答案。

　　河鲀毒素简称 TTX，是一种小分子量非蛋白质神经毒素。1909 年，由日本学者田原良纯从野生河鲀中发现并命名。TTX 化学性质稳定，一般烹调手段难以破坏，温度在 220℃ 以上时易炭化。

　　TTX 是自然界毒性最强的毒素之一，最小致死量为 0.5 毫克。中毒症状：先是口腔感觉麻木、头痛、发汗，并伴随恶心、呕吐等胃肠道症状；进而麻木感扩散到躯干和四肢，言语不清；接着出现神经肌肉症状，如吞咽困难、嗜睡、动作不协调、肌肉震颤，以及心血管和肺部症状，如低血压、心律失常、呼吸困难；最终意识状态受损，严重呼吸衰竭和缺氧，低血压和心律失常。中毒潜伏期短，若抢救不及时，中毒后快则 10 分钟，慢则 4~6 小时死亡，并且目前没有有效解毒剂。

看到这里，安安不禁感觉到后背发凉。突然，一个熟悉的声音响起："你看这么专业的书啊，

● 安安看书

看得懂吗？"

安安被这突如其来的声音吓了一跳，回头一看才发现是爸爸站在背后看着他正在看的书。

"爸爸，你吓了我一跳，我正感叹河鲀毒素的可怕呢。"安安惊魂未定地拍了拍胸脯，长出一口气。

"河鲀毒素是挺可怕的，我小时候常听说哪里有人吃河鲀中毒了，每年新闻里也会有一些这样的报道。所以我从来不敢自己做着吃，只敢去有口碑有资质的老店吃。"于晨也感叹到。

"好了，不打扰你看书了，我去做饭。"于晨对安安最近的表现非常满意，也不想过多干扰，生怕管多了起反作用。

TTX 的作用

安安沉浸在书本中，没有注意到爸爸轻手轻脚地关上房门离开。

中国共有35种河鲀具有不同程度的河鲀毒性，其中，在中国南海分布的有24种，在中国东海分布的有31种，在中国黄海分布的有14种，在中国渤海分布的有10种。少数种类能洄游进入江河，如晕环东方鲀、暗纹东方鲀、弓斑东方鲀、铅点东方鲀、兔头鲀、横纹东方鲀等。河鲀体内毒素的积累和分布因季节和身体部位而异。河鲀在生殖季节毒性较大，且雌性大于雄性。

野生暗纹东方鲀除肌肉和精巢可视为无毒外，其他身体组织都含有一定量的毒素。其在产卵前和产卵时体内含毒量最高；在性腺发育不同时期，卵巢和肝脏的毒素含量要明显比其他组织和器官中的毒素含量高。

"卵巢毒性强，那生下来的卵是不是也带毒，鱼宝宝不会被毒死吗？"安安思索着。

河鲀毒素虽然对人类和其他动物有危害，但对于河鲀来说，是具有重要功能的：一是作为自我防御的保护机制，以及雌性将其蓄积在卵巢中保护卵子；二是TTX及其类似物TDT可以作为一种信息素，雄性河鲀通过闻雌性卵巢中渗出的TTX和TDT的气味来到产卵地点。

"哦，那这么说，河鲀毒素是用来保护鱼宝宝的，可能这样鱼卵就不会被天敌吃掉了吧。没想到河鲀毒素还可以作为信息素。"安安一旦思考起来，脑子转得飞快。

起源之谜

　　关于 TTX 的起源，目前有两种学说：一种是外源性学说，即河鲀自身不产生 TTX，而是通过食物链摄入含有 TTX 的食物而富集在体内。TTX 不仅存在于河鲀体内，也存在于许多其他生物体内，包括涡虫类、纽虫、毛颚类、软体动物、棘皮类、两栖类、鱼类、海藻等。这些含有 TTX 的生物有一个共同点，即其体内含有多种能分泌 TTX 及其类似物的细菌。

● 斑点豹纹蛸

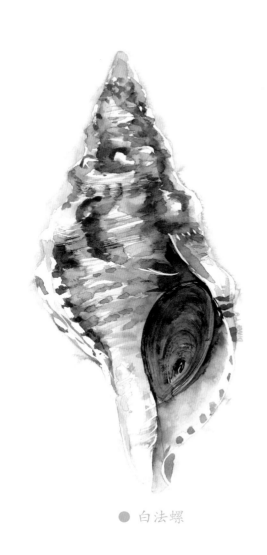

● 白法螺

● 马蹄蟹

● 欧洲滑螈

"啊，这么多动物都有河鲀毒素啊，斑点豹纹蛸、白法螺、马蹄蟹、欧洲滑螈……太可怕了。都有能分泌 TTX 的细菌？这么说，TTX 是细菌产生的？"安安顿时觉得细菌简直太可怕了。

一种是内源性学说，即 TTX 是河鲀自身产生的。有研究者提取了星点东方鲀成熟的卵细胞进行人工授精及培育，发现胚胎在孵化过程中其体内的 TTX 含量一直在增加，这表明增加的毒素是胚胎的产物。

"一会儿说是从食物中获得的，一会儿又说是胚胎里产生的，到底是从哪儿来的呢？"安安越看越疑惑了。

安安决定向爸爸求助，他跟爸爸说了自己的疑惑，并把书上的文字指给爸爸看。

于晨看了一会儿书，向安安解释道："'学说'本来就是科学家根据自己的研究提出来的一种说法，有一定科学依据，但并不是百分百正确的，不同科学家可以提出不同的学说，所以外源性学说和内源性学说都有一定道理，但也还有可以进一步探讨的地方。而且这书后面还说了河鲀毒素可能是河鲀自身和生活在它们体内的细菌共同合作的结果，细菌产生的可能不是 TTX，而是它的衍生物，而河鲀可以把这种衍生物转化为 TTX。这个细菌产生的衍生物就好比是 TTX 的原材料，经过河鲀身体内某些组织的加工就变成了 TTX。这么说，你能明白吗？"于晨害怕自己解释不清楚。

安安恍然大悟似的点点头。

"而河鲀胚胎发育过程中 TTX 一直增加，可能是因为细菌产生的衍生物在卵子受精前就积累在卵中，受精后的胚胎在发育的时候，就不断把这些衍生物转化成了TTX。所以，TTX是河鲀和细菌共同合作、共同努力产生的。"

"我大概明白了，突然就觉得河鲀毒素不那么可怕了，它其实也一直保护着河鲀和其他有河鲀毒的生物。"

"不仅如此，TTX在医学上也有很大作用呢。"于晨前几天刚看到了相关新闻，正好借此机会来给安安科普一下。

"啊？它不是毒药吗？有什么作用？"安安不解。

"毒药和药有时候只是剂量的区别，微量的TTX可以作为镇痛、麻醉、镇静、降压等好多种药呢。现在已经有科学家培养细菌来产生TTX，然后制成药品。"

"原来是这样，科学家好厉害，人人都害怕远离的毒药，他们却要去研究，并把它做成治病救人的药！"安安由衷地赞叹道。

冬——听爷爷讲河鲀

爷爷的打鱼往事

在看了好几本书后，安安顺利完成了科学小论文，还得到了老师的表扬，安安感到非常有成就感，这比得到任何礼物都开心。

虽然老师布置的任务完成了，但是安安心里还有许多关于河鲀的疑问，决定继续研究。

安安知道爷爷以前是渔民，虽然没亲眼见过爷爷打鱼，但是也经常听爷爷讲打鱼的故事，于是这个周末，安安主动要求去看望爷爷奶奶，正好趁此机会多问问爷爷关于河鲀的事。

来到爷爷家，安安还没坐定就开始问爷爷："爷爷，你以前打鱼的时候打到过河鲀吗？"

"河鲀？你是说气泡鱼吧，我年轻的时候，每年3月，都能捕到不少气泡鱼，那个时候多，尤其是20世纪六七十

● 用卡钩钓河鲀

年代，最多的时候，一网下去能捕到近百条呢。但是后来就越来越少，越来越难捕到咯。"爷爷说完，叹了一口气。

"以前有那么多啊，我都从来没在江里看到过河鲀。"安安感觉有点遗憾。

"那当然咯，你才多大啊，你们现在吃的都是养殖的河鲀，国家禁止卖野生河鲀，因为野生河鲀毒性大，很容易吃出人命。不过呀，现在想在江里捕也捕不到咯。"

"为什么现在江里没有河鲀了呢？"安安疑惑。

"你知道河鲀从哪儿来的吗？它们到长江里做什么？"爷爷反问道。

"我知道呀，它们从海里来，到长江，还有湖泊里产卵繁殖。"安安对答如流。

"还是我大孙子厉害！没错，河鲀每年春天过来产卵，但是20世纪90年代以来，长江污染严重，河鲀呢，喜欢干净的水，所以就不来产卵了。"

"哦，那河鲀身上刺儿那么多，牙那么厉害，您以前是怎么捕的呢？"安安小脑瓜一转，又想出新的问题。

"我们以前捕气泡鱼用的是卡钩，有纲线和钩线，纲线很长，一般1000多米，纲线上再挂上钩线，基本上每隔10厘米就挂一根钩线，钩线下面有鱼钩，鱼钩上有饵，气泡鱼咬住吃饵就会被勾住嘴啦。河鲀喜欢贴着水底活动产卵，所以钩子最好距离江底4~6厘米。起钩的时候，运气好的话，下面就会挂满一个个鼓着肚子的河鲀，它们出水时还会唧唧咕咕地叫个不停，可好玩了。"爷爷沉浸在回忆中，脸上堆满笑容。

安安也努力想象那个画面，突然又想到另外一个问题："那个时候也没有养殖河鲀，野生河鲀毒性那么大，你们都怎么吃呢？"

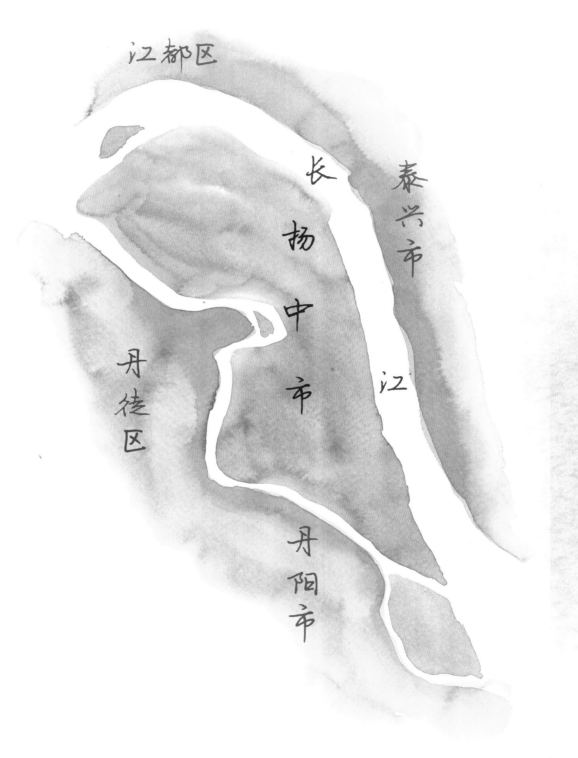

江都区

长

泰兴市

扬

中

市

江

丹
徒
区

丹
阳
市

● 扬中的大致地形

"是啊，河鲀有毒，大家都知道，外地人不会做不敢吃，但是我们扬中盛产河鲀，自古就有吃河鲀的习俗，也总结出了很多避免中毒的方法。"

"长江这么长，为什么就我们扬中盛产河鲀呢？"安安又提出一个问题。

"我们扬中是长江中最大的沙洲，水域面积大，水流比较平缓。湿地浅滩多，饵料就多，而且离入海口才 200 多千米，正是河鲀产卵的好地方。"

安安若有所思地点点头："那我们继续说吃河鲀吧。"

小心小心再小心

"我年轻的时候，虽然河鲀还比较多，但是我们捕上来主要是拿去卖，只留下几条自己尝尝鲜，每年春天要是能吃上一两回就很幸福啦。吃河鲀最重要的是宰杀，杀河鲀的时候处理干净，吃的时候就能放心许多。杀河鲀的时候一定要先检查河鲀有没有伤口，如果有伤口的话，本来没有毒的肉也会被渗进毒素，就不能吃了。杀河鲀的时候也要特别小心，眼珠子、鳃、肝脏、肾脏、卵巢等内脏都要一一摘掉，而且不能弄破，尤其是那河鲀鱼子，外面就包着薄薄的一层膜，万一捅破，鱼子撒得满地都是，小猫小狗吃掉就会丧命。取出来的内脏也不能随便丢掉，要先放好，杀完还要一个一个清点，尤其是眼珠子，那么小，万一粘在鱼肉上吃掉可就麻烦了。清点完再用生石灰混合，挖个深坑埋起来或者烧掉。"爷爷越说，表情越加凝重。

"为什么要埋起来呢？"安安打断爷爷。

还没等爷爷回答呢，安安又抢答道："哦，我知道了，这些内脏都有剧毒，万一小猫小狗或者什么动物吃掉就会中毒了。"

　　"没错，不过不仅是小动物，也有人会误食，以前就发生过有人把别人丢掉的河鲀鱼子捡回去吃，结果一家三口都中毒身亡的悲剧。所以要先把它和生石灰混合，再深埋或者烧掉。"

　　安安一脸震惊，虽然也听说过吃河鲀中毒的事情，但是听爷爷这样讲还是觉得既可怕又悲伤。

　　"杀完河鲀要把河鲀肉反复清洗，河鲀肋，啊，也就是精巢是没有

● 土灶烧河豚

毒的，但是吃之前一定要检查里面有没有没漂洗干净的血液，甚至还要看看里面有没有受伤后形成的淤血。总之，杀河鲀的时候就是要小心小心再小心，除了肋，其他内脏和血液一点不能留。宰杀河鲀的所有器具都要单独使用，用完再反复漂洗消毒。"

"这么麻烦又这么危险，为什么还要吃呢？"安安实在不理解。

"哈哈哈，因为河鲀实在是太鲜美了，古人都说'一朝食得河豚肉，终生不念天下鱼'，而它的毒性又给它增加了神秘和诱惑。"

"对了，爷爷，我听爸爸说以前烧河鲀要打伞，是真的吗？"安安的小脑袋瓜里充满了疑问。

"是真的啊，打伞主要是为了防止吊吊灰落到锅里，吊吊灰就是屋顶蜘蛛网上的灰尘，以前条件不好，厨房里的卫生状况差，所以屋顶可能会有蜘蛛网和好多灰尘，而烧河鲀的时候，就怕吊吊灰落进去，一旦掉进去，满锅河鲀都有毒。如果不打伞，也得把厨房上下打扫干净才行。"爷爷看着眼前勤奋好学的大孙子，感觉像换了个人似的，都快不认识了。

"为什么灰尘有毒呢？做其他菜却不需要打伞遮灰呢？"安安刚从自己的思绪中回过神来，问道。

"传说是吊吊灰会跟河鲀发生化学反应，产生毒素呢。"爷爷一本正经地说。

"爸，别误导孩子，我觉得是因为河鲀无论处理得再小心都有可能残留一些毒素，所以煮的时候也需要长时间加热以去除毒素。但是在烧的过程中，出来的水蒸气和油烟里面可能含有毒素，打伞一方面是为了防止水蒸气和油烟聚集到屋顶蜘蛛网和灰尘上，这样长年累月可能毒性会加强；另一方面也是怕之前烧河豚时出来的毒素混合着灰尘再掉到锅里，污染整锅河鲀肉。"于晨突然加入爷孙俩的对话。

"原来是这样啊，真的是得小心到灰尘都不能放过。"安安感叹道。

形形色色的河鲀

海底怪圈

这天，安安写完作业在客厅里看电视，正好看到一个台在播放关于河鲀的纪录片，安安饶有兴趣地看了起来。

只见电视上有一只河鲀在海底的沙子上游动着，并使劲鼓动自己的鳍带起一阵"沙尘暴"，这样在河鲀的身体后方就会留下一条沟壑，而被扇起又落下的沙子就在两边形成两条"山脊"。镜头拉远，一个与它身体相比巨大的圆形图案就出现在电视屏幕上，整个图案中央有一个小圈，上面布满树枝状的图形，外围还有辐射状的几十条沟壑和山脊，而且能看出中间的沙子比外围的沙子要更加细腻。安安被这个美丽又复杂的图案震撼住了："这简直就是海底的'麦田怪圈'啊，难道它学过几何？"

旁白还解释道："它必须每天工作24小时，连续一周才能完成，否则它的工作成果可能被水流毁掉。"

● 白斑河鲀创作的图案

图案画完后，这只河鲀还没有休息，它继续游动着，在海底寻找贝壳，并衔起贝壳，把它放在"山脊"上作为装饰。

正当安安思考着这只河鲀为什么要画出这么巨大而精美的图案的时候，另一只河鲀游到圆圈中央，之前那只河鲀还一口咬住了新来者的脸颊。

"啊，难道这是一个陷阱，它是为了吃同类吗？"安安有点担心。

这时旁白声又响起："这个图案是雄性白

斑河鲀为吸引异性而建造的婚房，如果雌性接受了雄性的追求，就会来到圆圈中央。交配之前，雄性河鲀会咬住雌性的脸颊。雌性产完卵后就会离开，留下雄性守护着这些卵，直到孵出鱼宝宝。科学家研究发现，这个图案不仅好看，还很实用，外围的沟壑和山脊能够减少圆圈中央的洋流，并且把细小的沙子往中央堆积，以保护鱼卵。"

"原来是这样，这也太神奇了。"安安感叹道，然后又想到了暗纹东方鲀，暗纹东方鲀也是这样找对象的吗？

最近安安学会了用网络搜索来查找资料，正好就借此机会来实践一下。

白斑河鲀是四齿鲀科窄额鲀属的最新成员，

● 白斑河鲀

1995 年，潜水员在日本奄美大岛附近的海域里发现了一个奇怪的图案，百思不得其解，甚至想到了外星人。直到 2014 年，日本科学家才确认了这个图案是河鲀创作出来的，并且这种河鲀是一个新的物种。它的这种行为在其同类中是独一无二的。

"那这么说的话，暗纹东方鲀是不会创作出这么精美的图案来求偶的。"安安这么想着，甚至有点失望。

安安继续在网上搜索，才知道暗纹东方鲀、红鳍东方鲀、假睛东方鲀等有钻沙的习性，也就是它们把身体钻入沙子里，只露出眼睛和背鳍。更有意思的是，暗纹东方鲀越冬的时候，会在池塘底弄出浅坑，三五只趴在一个坑里，因而还有"几个河鲀一个坑"的说法。

河豚会被自己的毒毒死吗？

查着查着，安安看到一个非常醒目的标题：河豚会被自己的毒毒死吗？

安安立马点进去看，迎面而来的是一张图片，里面是一只方方正正、颜色鲜艳的，跟河鲀长得有点像的鱼，"我好像在哪儿见过……对了，那

● 粒突箱鲀

天在图书馆看书的时候看到过，是箱鲀！"

　　"箱鲀是河鲀的亲戚，箱鲀是箱鲀科，河鲀是鲀科，所以这个标题有点不准确呀。"安安心里想着，但强烈的好奇心驱使他继续往下看。

　　箱鲀的身体像个箱子，体鳞愈合特化为体甲，除眼、口、鳍和尾能动外，身体其他部位都不能动，不能像其他鱼那样靠摆动身体来游动，只能靠鳍的运动。箱鲀除了坚硬的体甲外，还有一个本领——放毒，当它们遇到危险时，就会分泌出有毒的皮肤黏液。通常来说，这些毒素对箱鲀本身并没有伤害，因为在广袤的海洋里，海水会稀释它的毒素，但如果是在一个封闭的小水缸中，高浓度的毒素能毒死水缸里的所有生物，包括它自己。

"这也太惨了吧，还有人敢养箱鲀的吗？不过确实挺好看挺可爱的……那河鲀会被自己的毒毒死吗？"安安马上又产生了新的疑问。

"对了，首先要解决一个问题，箱鲀的毒是河鲀毒素 TTX 吗？"安安问自己，马上在网上寻找答案：箱鲀黏液中的毒并不是 TTX，而是叫作箱鲀毒素。

"看来鲀形目的鱼都不是好惹的啊。"安安心里惊叹道，"找到了！"

TTX 的中毒机理是 TTX 可以阻断钠离子通道，阻止神经冲动的发生和传导，从而使神经和肌肉瘫痪。而河鲀的基因发生突变，这个突变改变了钠离子通道的生理功能，使得 TTX 无法阻断河鲀的钠离子通道，神经信号能够正常传导和工作，河鲀本身也就不会被 TTX 毒死了。

"有点难理解，钠离子通道是什么？"安安又马上搜索"钠离子通道"。

钠离子通道是所有动物中电信号的主要启动键，而电信号则是神经活动和肌肉收缩等一系列生理过程的控制基础。

"大概懂了，也就是说 TTX 阻止动物体内的神经和肌肉按下启动键，所以会中毒，但是河鲀由于基因突变，这个启动键发生了变化，TTX 就无法阻止了。这么看来，河鲀比箱鲀要厉害一点呐！"安安对河鲀的了解愈发加深了。